Ernst Probst

Das Magdalénien in der Schweiz

Die Zeit der Rentierjäger

Impressum:
Das Magdalénien in der Schweiz
Autor: Ernst Probst
Im See 11,
55246 Mainz-Kostheim
Telefon: 06134/21152
E-Mail: ernst.probst (at) gmx.de
Herstellung: Amazon Distribution GmbH, Leipzig
Alle Rechte vorbehalten
ISBN: 979-8-574-35871-9

Inhalt

Vorwort / Seite 5

Das Magdalénien in der Schweiz / Seite 7

Anmerkungen / Seite 54

Literatur / Seite 57

Der Autor / Seite 63

Bücher von Ernst Probst / Seite 65

Rentierjagd im Magdalénien.
Bild: Gemälde von Fritz Wendler (1941–1995)
für das Buch „Deutschland in der Steinzeit (1991)
von Ernst Probst

Vorwort

Die Zeit der Rentierjäger zwischen etwa 15.000 und 12.000 v. Chr. wird in dem Taschenbuch „Das Magdalénien in der Schweiz" geschildert. In diesem Abschnitt des Eiszeitalters ist das Gebiet der Schweiz anfangs nur im Sommer von schätzungsweise 1.000 Jägern und Sammlern aufgesucht worden. Hinterlassenschaften jener Gäste fand man in Höhlen wie dem Kesslerloch, unter Felsdächern und im Freiland, wo sie Zelte oder Hütten errichteten. Die Jägergruppen kamen im Sommer aus Südfrankreich mit den Rentierherden in die Schweiz und zogen im Herbst mit ihnen zurück. Besonders eindrucksvoll sind ihre Kleinkunstwerke, die das Rentier, das Wildpferd und den Moschusochsen darstellen. Autor des Taschenbuches ist der Wiesbadener Wissenschaftsautor Ernst Probst, der 1991 den Wälzer „Deutschland in der Steinzeit" sowie später zahlreiche weitere Werke über die Steinzeit und Bronzezeit veröffentlichte.

*Französischer Prähistoriker Gabriel de Mortillet (1821–1898).
Auf ihn geht der Begriff Magdalénien zurück.
Foto: unbekannter Fotograf (via Wikimedia Commons),
Lizenz: gemeinfrei (Public domain)*

Das Magdalénien in der Schweiz

Die fundreichste und grandioseste Kulturstufe der Altsteinzeit in der Schweiz ist zweifellos das Magdalénien vor etwa 15.000 bis 12.000 v. Chr. Ihm waren ungefähr 20.000 Jahre vorangegangen, aus denen bisher im Gebiet der Schweiz keine Hinterlassenschaften von eiszeitlichen Jägern und Sammlern vorliegen. Erklärt wird dies damit, dass die Erosionen des letzten großen Gletschervorstoßes zwischen etwa 22.000 und 18.000 v. Chr. alle älteren Spuren beseitigt haben könnten.

Der Begriff Magdalénien für eine Kulturstufe der Altsteinzeit wurde bereits 1869 von dem französischen Prähistoriker Gabriel de Mortillet (1821–1898) eingeführt. Jener Name erinnert an die Halbhöhle La Madeleine gegenüber von Tursac im Département Dordogne. Ursprünglich hat man das Magdalénien auch das „Zeitalter der Rentiere" genannt, weil damals vor allem Rentiere erlegt wurden. Begnadete Künstler aus dem Magdalénien schufen prachtvolle Tierbilder in den Höhlen von Altamira in Spanien und Lascaux in Frankreich. Von den Menschen des Magdalénien hat man in der Schweiz etliche Skelettreste entdeckt. Die Männer waren meist bis zu 1,60 Meter groß, die Frauen bis zu 1,55 Meter. Es gab aber auch Ausnahmen, wo diese Maße übertroffen wurden. Die meisten menschlichen Skelettreste aus dem Magdalénien wurden in der Gegend von Genf geborgen. Der nur etwa sechs Kilometer von Genf entfernte Fundort Veyrier am Mont Saleve liegt jedoch bereits auf dem Gebiet des benachbarten französischen Départements Haute-Savoie (Hochsavoyen).

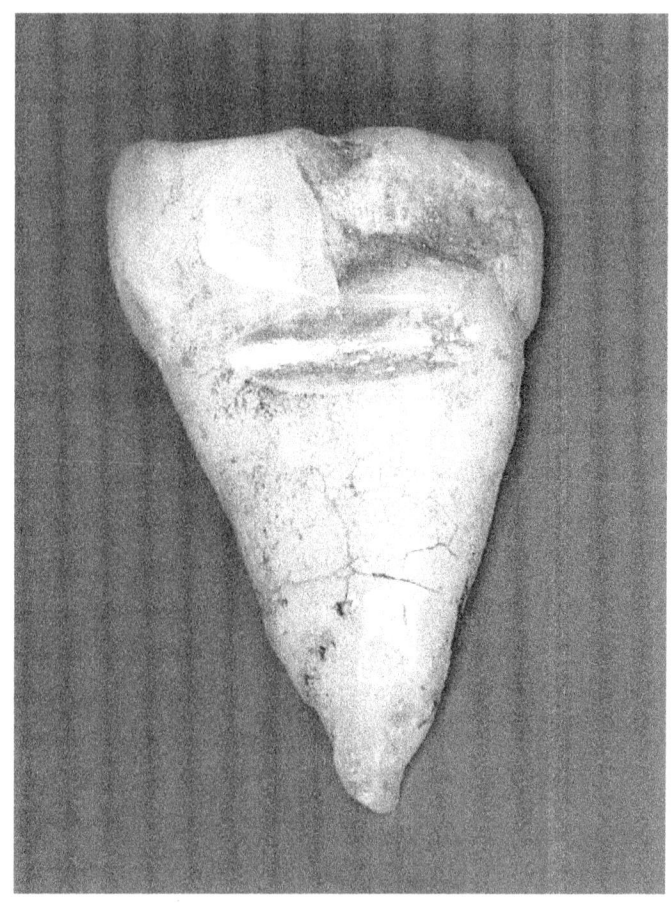

*Menschlicher Backenzahn
aus der Kohlerhöhle bei Brislach (Kanton Bern).
Die Furche im oberen Drittel des Zahns
ist vermutlich durch häufige Manipulationen
mit einem runden oder relativ harten Gegenstand
(einer Art Zahnstocher) entstanden.
Foto: Archäologischer Dienst Bern*

Die ersten Skelettreste von Magdalénien-Leuten aus Veyrier kamen bereits in den Jahren 1867 bis 1871 im Steinbruch Fenouillet zum Vorschein. Dabei handelt es sich um einen Oberarm sowie um Fragmente von Speiche, Elle und Oberschenkel. 1875 fand man in Veyrier den Schädelknochen eines Kindes. 1879 wurde im Steinbruch von Chavaz an der Station Mayor in Veyrier das Gesichtsskelett eines Mannes entdeckt. 1916 barg man im schon größtenteils zerstörten Steinbruch Achard an der Station des Grenouilles (Station der Frösche) in Veyrier die Schädelkapsel und weitere Skelettreste eines etwa 25jährigen Mannes. Er war mit 1,69 Meter für seine Zeit relativ groß. Im Bereich seines rechten Scheitelbeins hatte er Verletzungen erlitten. Außerdem hatte sich dieser Mensch einen Unterschenkel gebrochen, der jedoch verheilt war. Der merkwürdige Name dieser Station beruht darauf, dass dort zahlreiche Froschknochen lagen. 1933 entdeckte man im Steinbruch Achard in Veyrier ein Grab, das drei Schaftreste langer Knochen enthielt. 1935 glückte im Steinbruch Chavaz der Fund eines weiblichen Schädels. 1954 wurde in Veyrier ein weiterer menschlicher Schädel entdeckt.

Neben diesen Funden aus Veyrier kennt man aber auch Skelettreste von Magdalénien-Leuten aus der Schweiz selbst. In der Grotte du Scé[2] oberhalb von Villeneuve (Kanton Waadt) kamen das Bruchstück eines rechten Oberkiefers mit sieben Zähnen sowie ein rechter Mittelhandknochen zum Vorschein. Aus der Halbhöhle im Schlossfelsen von Thierstein bei Büsserach (Kanton Solothurn) stammt das Bruchstück eines Wadenbeins. Vielleicht darf man auch das inzwischen verschollene Schlüsselbein eines jungen Menschen aus der Höhle Kesslerloch bei Thayngen (Kanton Schaffhausen) dem Magdalénien zurechnen. Weitere Skelettreste wurden in der

Freudenthaler Höhle (Kanton Schaffhausen) und auf dem Berg Baarburg[2] bei Baar (Kanton Zug) gefunden.
Die Zahl der gleichzeitig im Magdalénien im Gebiet der Schweiz lebenden Jäger und Sammler wird von manchen Prähistorikern auf etwa 1.000 Personen geschätzt. Dies wäre ungefähr sechzig- bis hundertmal mehr als zu Zeiten der Neanderthaler.

Die Menschen des Magdalénien wohnten in Höhlen, unter Felsdächern (Abri oder Halbhöhle) und im Freiland, wo sie Zelte oder Hütten errichteten. Man nimmt an, dass sich dieMagdalénien-Jägergruppen zunächst nur im Sommer in der Schweiz aufhielten, weil in dieser Jahreszeit die aus Südfrankreich eingewanderten Rentierherden hier ästen, denen der Pflanzenwuchs jetzt reichlich Nahrung bot. Die Jägergruppen verließen die Schweiz im Herbst wieder, sobald sich die Rentiere nach Südfrankreich zurückzogen. Als gegen Ende des Magdalénien das Klima wärmer wurde, blieben die bereits dezimierten Rentierherden und ihre Jäger auch im Winter im Gebiet der Schweiz. Für die Jäger wurde nun das Sammeln von Kräutern, Samen, Beeren und Pilzen noch ergiebiger.

An dem mehr oder minder reichen Fundgut lässt sich ablesen, dass manche der Höhlen- oder Freilandstationen in der Schweiz in mehreren Sommern aufgesucht wurden, andere nur einen Sommer lang oder lediglich für eine kurze Rast. Das Innere der Höhlen und die Plätze unter den Felsdächern dürften oft durch Astwerk, Steine oder zeltartig aufgespannte Felle vor Niederschlägen, Wind und Kälte geschützt worden sein. Das geringe Ausmaß der einzelnen Wohnplätze deutet darauf hin, dass in einem Lager zumeist nur eine einzige Familie oder eine Sippe lebte.

Die Höhlenwohnungen der Magdalénien-Leute konzentrierten sich in der Gegend um Genf (dem bereits erwähnten Veyrier in Frankreich), im Birstal (Kantone Bern, Jura, Solothurn und Basel-Land), in der Gegend von Olten (Kanton Solothurn) und im Kanton Schaffhausen. Vereinzelte Höhlen gab es auch im Kanton Waadt, beispielsweise die Grotte du Scé und die Balm Derriere le Scé bei Villeneuve.

Allein am Nordostabhang des Mont Saleve bei Veyrier unweit von Genf haben Magdalénien-Leute mindestens fünf Stationen aufgesucht: die Grotte Mayor[3], die Grotte Taillefer[4], den Abri Favre-Thioly[5] den Abri Gosse[6] und die Station des Grenouilles[7]. Die Grotten und Abris von Veyrier sind leider allesamt durch Steinbruchbetriebe zerstört worden.

Besonders gern haben die Magdalénien-Leute das Tal der Birs im mittleren Jura sowie deren Seitentäler aufgesucht. Dort liegen etliche Höhlen und Halbhöhlen mit Siedlungsspuren dieser Kulturstufe.

Bei der Halbhöhle im Birstal unweit von Liesberg (Kanton Bern) weiß man nicht mehr, ob diese erst 1874 beim Bahnbau geöffnet wurde oder ob man sie schon vorher kannte und ausräumte, um sie als Geräteschuppen nutzen zu können. Fest steht nur, dass der größte Teil des prähistorischen Inventars verlorenging. Eine Nachgrabung im Jahr 1906 durch die Vettern Fritz Sarasin (1859–1942) und Paul Sarasin (1856–1929) aus Basel blieb ergebnislos.

Auch die Brügglihöhle an der Kohlholzhalde bei Nenzlingen (Kanton Bern) wurde von Magdalenien-Leuten aufgesucht. Darin hatten 1940 der Amateur-Archäologe Carl Lüdin (1900–1986) aus Basel sowie 1951/54 der Heimatforscher Willy Mamber (1908–1978) aus Allschwil gegraben. Die einstigen Bewohner haben in der Brügglihöhle Feuersteinwerkzeuge, Schlagsteine aus Quarz, Spuren von mehreren Feuerstellen, durch Hitzeeinwirkung gerötete Steine und ein Rötelstück hinterlassen.

*Kohlerhöhle im Kaltbrunnental bei Brislach (Kanton Bern).
Foto: Paebi / CC BY-SA 4.0
(via Wikimedia Commons),
lizensiert unter Creative-Commons-Lizenz by-sa-4.0-en,
https://creativecommons.org/licenses/by-sa/4.0/legalcode*

Als weiterer Aufenthaltsort von Magdalénien-Leuten diente die im Kaltbrunnental – einem Seitental des Birstales – gelegene Kohlerhöhle bei Brislach (Kanton Bern). Sie wurde 1934 von dem damals in Cham tätigen Chemiker Heinz Kohler (1915–1972) entdeckt und nach ihm benannt. Kohler hat diese Höhle zusammen mit dem Ingenieur Emil Kräuliger (1879–1950) aus Grellingen erforscht. Später grub der Amateur--Archäologe Lüdin darin. Im Kaltbrunnental befindet sich auch die Halbhöhle Heidenküche bei Himmelried (Kanton Solothurn). Sie wurde 1883 von dem Lehrer, Jounalisten und Höhlenforscher Johann Benedikt Thiessing (1834–1903) aus Basel als urgeschichtliche Station erkannt und untersucht. Nach ihm forschten noch andere in dieser Halbhöhle.

Ein gutes Stück talaufwärts, wo sich das Kaltbrunnental etwas weitet, lockte die Kastelhöhle zeitweise Menschen des Magdalénien an. Allerdings ließen sie sich nur in der Nordhöhle dieser Doppelhöhle nieder, weil diese im Gegensatz zur angrenzenden Südhöhle auch am Nachmittag Sonnenlicht erhielt. In der Kastelhöhle hatte 1948 der Lehrer Walter Kellenberg aus Allschwil mit Grabungen begonnen. 1949/50 untersuchte der Prähistoriker Theodor Schweizer (1893–1956) aus Olten diese Höhle.

In einem Seitental des Birstales befindet sich außerdem die Halbhöhle im Schlossfelsen von Thierstein südlich von Büsserach (Kanton Solothurn). Sie ging für die Wissenschaft fast vollständig verloren, als sie 1890 von einem Bauern ausgeräumt wurde, der sich darin mit seiner Frau und seinen sechs Kindern häuslich niederließ. Nur wenige Funde konnten gerettet werden. 1906 erfolgte in der Thierstein-Höhle eine Nachgrabung.[8] Der Abri Chesselgraben bei Erschwil (Kanton Solothurn) befindet sich ebenfalls in einem Seitental des

*Kastelhöhle im Kaltbrunnental (Kanton Bern).
Foto: Tiger 99 / CC BY-SA 3.0
(via Wikimedia Commons),
lizensiert unter Creative-Commons-Lizenz by-sa-3.0-en,
https://creativecommons.org/licenses/by-sa/3.0/legalcode*

Birstales. Er wurde 1985 durch den Basler Prähistoriker Jürg Sedlmeier untersucht, der eine Feuerstelle nachweisen konnte, die mit plattigen, stark von der Hitze verfärbten Kalksteinen ausgelegt sowie von einer tiefschwarzen Asche- und Kohleschicht überdeckt war. Die einstigen Bewohner hatten etliche Feuersteingeräte zurückgelassen.

In einem anderen Seitental des Birstales liegt die Hollenberg-Höhle 3 im Gobenmatt-Tälchen bei Arlesheim (Kanton Basel-Land). Die ersten Funde in dieser Höhle, deren vorderer Teil bereits eingestürzt war, gelangen Anfang Januar 1950 dem Heimatforscher Martin Herkert aus Arlesheim. Er nahm damals unter teilweiser Mitarbeit von Andreas Schwabe aus Arlesheim eine erste Untersuchung vor. Weitere Ausgrabungen erfolgten 1950 und 1952 durch den Professor der Zahnheilkunde und Leiter der Prähistorischen Abteilung des Museums für Völkerkunde Basel, Roland Bay (1909–1992), unter Mithilfe der Heimatforscher Herkert und Schwabe. Die Hollenberg-Höhle 3 besaß zur Zeit der Magdalénien-Leute im Dach eine große Öffnung. Daher war bei Schlechtwetter lediglich ihr hinterer Teil trocken. Sie dürfte deswegen nur selten und wahrscheinlich auch nur kurz aufgesucht worden sein, worauf auch die fehlenden Feuerspuren hindeuten.

Zu den seit Jahrzehnten bekannten Fundstellen aus dem Birstal gehört die Halbhöhle Birseck-Ermitage im Schlossfelsen von Birseck bei Arlesheim (Kanton Basel-Land). Bedauerlicherweise wurden die prähistorischen Schichten darin in der zweiten Hälfte des 18. Jahrhunderts bei der Umgestaltung des Schlossfelsens in eine romantische Einsiedelei teilweise zerstört. 1910 führte der Bankbeamte Friedrich Adolf Sartorius-Preiswerk (1862–1935) aus Arlesheim eine erste Probegrabung durch, die einige Funde lieferte. Im selben

*Prähistoriker Jakob Heierli (1853–1912).
Foto: Porträt vor 1912
(via Wikimedia Commons),
Lizenz: gemeinfrei (Public domain)*

Jahr und 1914 wurde diese Halbhöhle von Fritz Sarasin systematisch erforscht.

Die Höhlenwohnungen in der Gegend von Olten (Kanton Solothurn) liegen im Aaretal. Dieses bot den Magdalénien-Leuten offenbar günstige Aufenthaltsbedingungen. Zu den am westlichsten gelegenen Fundstellen aus dem Gebiet von Olten zählt die Rislisberghöhle bei Oensingen. Die ersten Spuren der Anwesenheit von Magdalénien-Leuten wurden von Schülern aus Oensingen entdeckt, die in ihrer Freizeit in der Höhle gespielt hatten. Als ihre Lehrerin beim Unterricht erwähnte, dass prähistorische Steingeräte in dieser Gegend nicht aus dem Kalkstein des Jura, sondern aus gut spaltbarem Feuerstein hergestellt wurden, berichteten die Schüler über ihre Funde aus der Rislisberghöhle. Die von der Lehrerin erbetenen Beweise erwiesen sich tatsächlich als Feuersteingeräte. Bei den wissenschaftlichen Untersuchungen der Höhle wurden drei Feuerstellen sowie zahlreiche Werkzeuge aus Stein, Knochen und Geweih geborgen, ferner die Gravierung eines Steinbocks auf einem Knochen.

In einer Felswand auf der linken Seite der Aare befindet sich die Höhle Käsloch bei Winznau unweit von Olten. Auf Funde aus der neben seinem Haus gelegenen Höhle machte als erster der Lokomotivführer Eduard von Fehen (1875–1931) aus Winznau aufmerksam. Bald darauf bemühten sich der Schuhfabrikant Eduard Bally-Prior jun. (1847–1926) aus Schönenwerd, der Prähistoriker Jakob Heierli (1853–1912) aus Zürich und der Volksschullehrer Alexander Furrer (1867–1940) aus Schönenwerd um die Erforschung der Höhle. Später glückten dem Prähistoriker Karl Sulzberger[9] (1876–1963) aus Schaffhausen weitere Funde.

Im Tal Mühleloch bei Starrkirch-Wil – ebenfalls nicht weit von Olten – liegt eine Balm (Halbhöhle), die im Magdalénien besiedelt war. Sie wurde durch den erwähnten Prähistoriker Theodor Schweizer entdeckt und von ihm erst allein, 1922/23 dann zusammen mit dem Archäologen Louis Reverdin (1894–1933) aus Genf ausgegraben.

In der Gegend von Olten stieß man auch auf drei Freilandstationen aus dem Magdalénien. Besonders aufschlussreich sind die Siedlungsspuren aus der Freilandstation Hard I auf dem Hardfelsen nordöstlich von Olten. Diese etwa 50 Meter hoch über der Aare gelegene Fundstelle wurde 1919 von Theodor Schweizer aufgespürt und erforscht. Er wies eine Grube mit einem Durchmesser von 2,20 Meter und 0,70 Meter Tiefe nach, deren Boden mit Steinen gepflastert war. Außerhalb der Grube lag eine Feuerstelle. Ein von Menschenhand geschaffener Erdwall schützte die Grube vor einsickerndem Regenwasser. Etwas weiter nordöstlich lag die Freilandstation Hard II, die ebenfalls von Schweizer gefunden worden war. Auch die etwa 60 Meter über der Aare befindliche Freilandstation „Sälihöhle oben" am Abhang des Felskopfes Säli wurde von Schweizer entdeckt. Er grub erst allein, 1922/23 dann zusammen mit dem erwähnten Genfer Archäologen Louis Reverdin.

Erwähnenswert sind auch die Freilandstationen Hauterive-Champréveyres[10] am Ufer des Neuenburger Sees (Kanton Neuenburg) sowie Moosbühl[11] bei Moosseedorf (Kanton Bern) südwestlich des Moossees. Die beim Bau der Autobahn A5 bei Rettungsgrabungen zwischen 1983 und 1986 entdeckte Freilandstation Hauterive-Champréveyres gilt als erste magdalénienzeitliche Seeufersiedlung der Schweiz. Dort haben um 13.500 v. Chr. in einer fast baumlosen Landschaft saisonal Jäger gelagert, die Wildpferde, Hasen, Murmeltiere, Rentiere und Steinböcke erlegten. Skelette von Hunden belegen eine frühe Zähmung von Wölfen. Im Umkreis von ungefähr zehn Feuerstellen stellte man Werkzeuge (Klingen, Stichel, Kratzer, Bohrer) aus Silex der Regionen Olten und Genf sowie Jagdwaffen her, bearbeitete man Tiergerippe, -felle und -häute.

Am Fundort Moosbühl unweit des Moossees zeugen zwei Zelt- oder Hüttenplätze (Moosbühl I und Moosbühl II), zahlreiche Werkzeuge und Abfälle von ihrer Herstellung, eine 2,65 x 0,80 Meter große Feuerstelle sowie eine Brandgrube mit Rentierknochen, die Feuerspuren aufweisen, vom Aufenthalt einer kleinen Menschengruppe. Besonderheiten sind eine kleine Frauenfigur aus Gagat und Bruchstücke von importiertem Bernstein aus dem baltischen Ostseegebiet. Der Begriff Gagat soll – laut Plinius und anderer Autoren der Antike – von einem Fluss namens Gages in der kleinasiatischen Provinz Lykien abgeleitet sein.

Weit über die Grenzen der Schweiz hinaus ist die Höhle Kesslerloch auf der nördlichen Seite des Fulachtales bei Thayngen (Kanton Schaffhausen) bekannt geworden. Ihr Name erinnert an umherziehende Kesselflicker, die einst in umliegenden Gemeinden Töpfe und anderes Kochgeschirr (beispielsweise Kessel) einsammelten und in der Höhle reparierten. Noch zu Beginn des 19. Jahrhunderts kampierten herumziehende Kesslerfamilien im Kesslerloch. Die Höhle ist ungefähr 200 Quadratmeter groß und wird durch eine Steinsäule unterteilt.

Das Kesslerloch war dem damals in Thayngen unterrichtenden Realschullehrer Konrad Merk (1846–1914) bei einer botanischen Exkursion im Sommer 1873 erstmals aufgefallen. Angeregt durch Entdeckungen in französischen Höhlen zu jener Zeit entschloss er sich zu Ausgrabungen, die er am 4. Dezember 1873 in Begleitung seines Lehrerkollegen D. Wepf und zweier älterer Schüler begann. Dabei konnte er bald

Realschullehrer Konrad Merk (1846–1914),
erster Ausgräber im Kesslerloch bei Thayngen (Kanton Schaffhausen).
Foto: Aufnahme eines unbekannten Fototgrafen vor 1914

Feuersteinsplitter und bearbeitete Rentiergeweihe bergen. Die eigentlichen systematischen Ausgrabungen folgten vom 16. Februar bis 11. April 1874. Die Aufsicht darüber hatte der Antiquar Bernhard Schenk von Eschenz (1833–1893). Weitere Untersuchungen erfolgten 1898/99 durch Jakob Nüesch und 1902/03 durch Jakob Heierli. Bedauerlicherweise hat man die ersten Funde kaum systematisch erfasst. Manche sind unter Ausgräbern getauscht oder verkauft worden. Seit 1902 steht das Kesslerloch mitsamt Waldgrundstück und umliegendem Wiesland unter staatlichem Schutz. Zwecks Klärung der Schichtenabfolge erfolgte 1980 eine Bohrung im östlichen Vorplatzbereich.

Das Kesslerloch diente – nach den zahlreichen Funden zu schließen – als ein Haupt- oder Basislager für die dort vorwiegend im Sommer lebenden Rentierjäger. Insgesamt identifizierte man Knochen von 53 Tierarten als Jagdbeute. Die Lage der Höhle in einem engen Tal war geographisch günstig für eine Jagdstation.

Ein bereits 1874 im Kesslerloch entdeckter Tierschädel stammt, wie die Tübinger Forscher Hannes Napierala und Hans Peter Uerpmann erst viel später feststellten, nicht von einem Wolf, sondern von einem Hund. Die oberen Reisszähne sind mindestens 3 Millimeter kürzer als vergleichbare Wolfsfunde. Der Tierschädel aus dem Kesslerloch gilt als einer der ältesten Belege für die Zähmung des Wolfes in Mitteleuropa.

Etwa 600 Meter vom Kesslerloch entfernt befindet sich die Halbhöhle Vorder Eichen auf der rechten Seite des Fulachtales bei Thayngen. Sie wurde 1913 durch den schon erwähnten Schweizer Prähistoriker Karl Sulzberger und dessen Bruder, den Zollbeamten Hans Sulzberger (1886–1949) aus Thayngen, als prähistorische Station erkannt und anschließend untersucht.

*Ausgrabung 1902/1903 durch Jakob Nüesch
im Kesslerloch bei Thayngen (Kanton Schaffhausen).
Foto: Museum zu Allerheiligen Schaffhausen
(via Wikimedia Commons),
Lizenz: gemeinfrei (Public domain)*

*Kesslerloch bei Thayngen (Kanton Schaffhausen)
zur Zeit der Ausgrabung 1902/1903 durch Jakob Nüesch.
Foto: Museum zu Allerheiligen Schaffhausen
(via Wikimedia Commons),
Lizenz: gemeinfrei (Public domain)*

*Prähistoriker Jakob Nüesch (1845–1915),
Ausgräber in der Höhle Schweizersbild.
Foto: unbekannter Fotograf vor 1915
(via Wikimedia Commons),
Lizenz: gemeinfrei Public domain)*

Anlässlich ihrer Ausgrabungen in der Halbhöhle Vorder Eichen erforschten Karl und Hans Sulzberger 1915 auch die Halbhöhle Untere Bsetzi auf der linken Seite des Fulachtales bei Thayngen und wurden dort auch fündig. Zum Kreis der Höhlen im Kanton Schaffhausen gehört das Schweizersbild. Die Höhle ist nach dem Heiligenbild benannt, das ein Bürger namens Schweizer aus Schaffhausen im Mittelalter in einem gemauerten Häuschen dort aufstellen ließ. Im Schweizersbild stieß 1891 der Lehrer Jakob Nüesch (1845–1915) aus Schaffhausen auf Hinterlassenschaften aus dem Magdalénien. Daraufhin grub er dort auf eigene Kosten bis 1893. Zeitweise half ihm dabei der Realschullehrer Rudolf Häusler (1857–1929), der später nach Neuseeland auswanderte und in Auckland starb.
Sehr früh begann die Fundgeschichte einer Höhle auf der linken Seite des Freudenthals bei Schaffhausen. Sie wird entweder nach dem Tal als Freudenthaler Höhle oder nach dem Hügel, auf dessen Westhang sie liegt, als Höhle an der Rosenhalde bezeichnet. Die ersten Funde wurden im Frühjahr 1874 von Jakob Nüesch, dem Botaniker Hermann Karsten (1817–1908) aus Berlin und dem Regierungsrat Emil Joos (1826–1895) aus Schaffhausen geborgen.
Die Jäger des Magdalénien erlegten mit Wurfspeeren vor allem Rentiere, aber auch Wildpferde, Schneehasen, Schneehühner sowie die zu dieser Zeit bereits selten gewordenen Mammute und Fellnashörner. Die Wurfspeere wurden teilweise nur mit der Hand, teilweise aber auch mit Hilfe von Speerschleudern auf Beutetiere gelenkt. Am Fundort Kesslerloch konnte man Jagdbeutereste von etwa 500 Rentieren, 50 Wildpferden, 1.000 Schneehasen, 170 Schneehühnern sowie – deutlich weniger – von Steinböcken, Gämsen und Murmeltieren nachweisen. Im Gebiet des Neuenburger Sees brachte man neben

Lebensbild eines Wollnashorns.
Bild: Heinrich Harder (1858–1935).
Aus: Die 30 Sammelkarten aus Tiere der Urwelt,
Serie III (wahrscheinlich um 1920)

Rentieren, Wildpferden und Schneehasen auch Füchse, Auerochsen, Wisente und Murmeltiere zur Strecke. Größere Fische dürften harpuniert worden sein. Die gezähnten Harpunenspitzen aus Rentiergeweih waren nur lose am Holzschaft befestigt. Sie fielen nach einem Treffer ab. Damit verwundete Fische nicht flüchten konnten, hatte man am Ende der Harpunenspitze eine Leine aus Tiersehnen oder Hautstreifen befestigt, die der Jäger in der linken Hand hielt. Andere Harpunen ohne Leinen setzte man gegen größere Säugetiere ein.

Wenn die Menschen des Magdalénien bei ihren Jagdunternehmungen und Wanderungen zu neuen Lagerplätzen auf andere Familien oder Sippen stießen, tauschten sie formschöne Schmuckschnecken aus fremden Gegenden ein. Der Basler Prähistoriker Jürg Sedlmeier hat 1988 die Herkunft der an nordwestschweizerischen Fundstellen entdeckten Schmuckschnecken aufgelistet. Demnach stammen beispielsweise die in der Kohlerhöhle, Kastelhöhle, im Abri Chesselgraben, der Hollenberghöhle 3 und Rislisberghöhle geborgenen Schmuckschnecken entweder aus dem Mainzer Becken oder aus dem Belgischen oder Pariser Becken.[12] Andere Schmuckschneckenarten aus nordwestschweizerischen Höhlen kommen im Mittelmeergebiet oder in der Region der oberen Donau vor. Offenbar sind sie durch viele Hände gegangen, bevor sie in die Schweiz gelangten. Zum Fundgut aus dem Kesslerloch gehören Schmuckstücke aus fossilem Holz (auch Gagat oder Pechkohle genannt), Muscheln, Schnecken und Tierzähnen.

Nach den zahlreichen Funden zu schließen, hatten die Menschen des Magdalénien in der Schweiz ein ausgeprägtes Bedürfnis, sich mit durchbohrten Schneckengehäusen, Tierzähnen oder anderen Gegenständen zu schmücken. Die

Frau mit Halskette aus der Zeit des Magdalénien.
Sie trägt durchbohrte Schneckengehäuse,
wie sie in etlichen nordschweizerischen Höhlen entdeckt wurden.
Bild: Zeichnung von Fritz Wendler (1941–1995)
für das Buch „Deutschland in der Steinzeit" (1991)
von Ernst Probst

durchbohrten Schmuckschnecken nähte man als Besatz auf die Kleidung oder man trug sie als Bestandteile von Halsketten. Die ehemaligen Bewohner der Kohlerhöhle verschönerten sich beispielsweise mit durchlochten Eckzähnen vom Fuchs und Rothirsch. In der Rislisberghöhle entdeckte man Rentierschneidezähne, die für eine Schmuckkette verwendet wurden, sowie einen durch parallele Stichgruppen verzierten Vogelknochen mit unbekannter Funktion. Aus dem Kesslerloch kennt man an den Wurzeln durchbohrte Eckzähne vom männlichen Rentier sowie ebenfalls durchlochte gebogene Schneide- und Eckzähne vom Wildpferd und Raubtier-Eckzähne, die als Kleidungs- oder Amulettschmuck dienten.

An der Freilandstation am Hollenberg barg man neben Schmuckschnecken und einem durchbohrten Fuchszahn auch eine kreisrunde Scheibe aus Gagat. Sie hat einen Durchmesser von 5,5 Zentimetern, ist 10 Millimeter dick und wurde in der Mitte von beiden Seiten her angebohrt, so dass ein Loch entstand. Hierbei handelt es sich vermutlich um einen Anhänger. Auf einer Seite lässt er ein Bündel feiner Einritzungen erkennen. Ähnliche Anhänger aus Knochen wurden auch an anderen Fundstellen der Schweiz und in Deutschland gefunden. Etliche Stücke von Ocker, Roteisenstein und Eisenkies aus dem Kesslerloch zeigen, dass rote Farbe zum Schminken von Gesichtern oder Bemalen von Gegenständen benutzt worden ist. Manchmal sammelten die Magdalénien-Leute auch Fossilien, wie Funde von Ammoniten oder Haifischzähnen belegen.

Als Gewandverschluss deuten manche Prähistoriker einen 13,8 Zentimeter langen und 1,3 Zentimeter dicken Stab aus Gagat in Form einer leicht gekrümmten Zigarre mit sich verjüngenden Enden aus der Freilandstation am Hollenberg

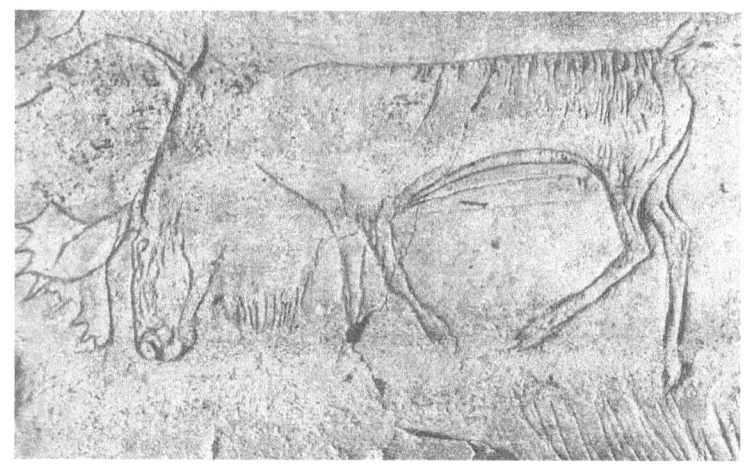

*Gravierung des „Suchenden Rentieres"
(früher: „Weidendes Rentier")
vom Kesslerloch bei Thayngen (Kanton Schaffhausen).
Foto: Rosgartenmuseum Konstanz*

bei Arlesheim (Kanton Basel-Land). Dieses Objekt ist auf zwei Seiten mit schrägen Einritzungen verziert.
Die Menschen des Magdalénien in der Schweiz hinterließen zahlreiche Kleinkunstwerke aus Rentiergeweih sowie deutlich seltener aus Knochen und Gagat. Anders als in Südfrankreich und Nordspanien haben sie jedoch in der Schweiz wie in Deutschland keine Höhlenmalereien geschaffen. Allein im Kesslerloch kamen insgesamt 22 Kunstwerke aus dem Magdalénien zum Vorschein. Als das berühmteste davon gilt der Lochstab aus Rengeweih mit der eingravierten Darstellung des sogenannten „Suchenden Rentieres", bei dem es sich um ein witterndes männliches Rentier während der Brunft handeln könnte. Dieses bedeutende Kunstwerk wurde am 4. Januar 1874 anlässch der Vorarbeiten zur Grabungskampagne im Kesslerloch von dem zu Besuch weilenden Geologen Albert Heim (1849–1937) aus Zürich im Beisein des Hobby-Archäologen Jakob Messikommer (1828–1917) entdeckt.
Der Originalfund des „Suchenden Rentieres" wird in einem Safe des Rosgartenmuseums in Konstanz aufbewahrt. In der Ausstellung dieses Museums befindet sich eine Kopie. Weitere Kopien und andere Funde aus dem Kesslerloch zeigt man im Museum Allerheiligen in Schaffhausen und im Schweizerischen Landesmuseum in Zürich. Bereits 1939 entstand ein Diorama des Kesslerloches, das im Museum zu Allerheiligen in Schaffhausen zu bestaunen ist. Es wurde vom Museumstechniker Hans Wanner in Zusammenarbeit mit dem deutschen Bühnenbildner Juri Richter geschaffen. Dieses Diorama galt als Meilenstein in der Gestaltung von Museen. Heute entspricht es nicht mehr den neuesten wissenschaftlichen Forschungsergebnissen..
Ein anderer Lochstab aus dem Kesslerloch zeigt ein Wildpferd sowie zwei in Gegenrichtung orientierte mutmaßliche Ren-

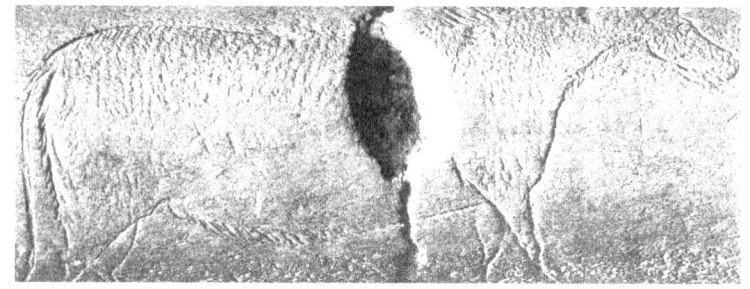

Darstellung eines Wildpferdes auf einem Lochstab aus dem Kesslerloch bei Thayngen (Kanton Schaffhausen). Foto: Rosgartenmuseumn Konstanz.

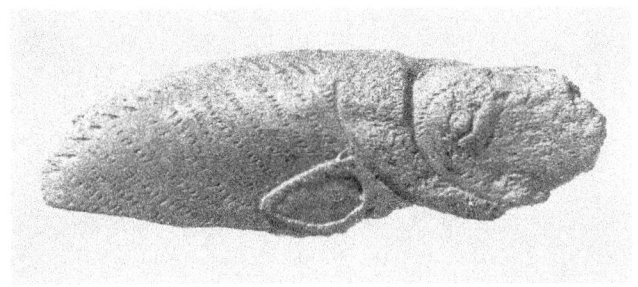

Kopf einer Moschusochsen-Skulptur aus Rengeweih vom Kesslerloch bei Thayngen (Kanton Schaffhausen). Foto: Rosgartenmuseumn Konstanz.

Prähistoriker Ferdinand Keller (1800–1881).
Foto: unbekannter Fotograf vor 1881
(via Wikimedia Commons),
Lizenz: gemeinfrei (Public diomain)

tierkühe. Ein weiterer Lochstab ist wahrscheinlich mit einem Halbesel verziert.

Zu den Kunstwerken aus Rentiergeweih vom Kesslerloch gehören außerdem Speerschleudern mit der Wiedergabe von Rentierkühen und Wildpferden, drei Endstücke von Speerschleudern in Gestalt eines Wildpferdkopfes, ein Wildpferd-, ein Rothirsch- und ein Moschusochsenkopf sowie Skulpturen mit der mutmaßlichen Darstellung von Fischen. Zu den wenigen Kunstwerken aus Knochen zählen eine Rippe mit einem Wildpferdkopf und ein Knochenstück mit einem Wildschweinkörper, der aber auch als Rentiermotiv gedeutet wird. Von zwei Gagatplättchen zeigt eines auf beiden Seiten einen eingravierten Pferdekopf, das andere eine Wildpferdfigur.

Die Entdeckung der Kunstwerke aus dem Kesslerloch wurde durch eine Fälschungsaffäre überschattet. Der an den Ausgrabungen beteiligte Arbeiter Martin Stamm (1833–1923) aus Thayngen hatte den mit ihm verwandten Schüler Konrad Bollinger überredet, in zwei alte Knochen Tierzeichnungen einzuritzen. Damit wollte er sich vermutlich als Entdecker hervortun und etwas Geld hinzu verdienen. Der Bub nahm für seine Arbeit das Kinderbuch „Die Thiergärten und Menagerien mit ihren Insassen" aus dem Jahre 1868 von dem Leipziger Künstler Heinrich Leutemann (1824–1905) als Vorbild und gravierte mit Federmesser und Stricknadel einen sitzenden Bären und einen Fuchs ein.

Stamm schickte die beiden Fälschungen im Mai 1875 an den Zoologen und vergleichenden Anatomen Ludwig Rütimeyer (1825–1895) in Basel und gab an, dass er sie im Grabungsschutt des Kesslerlochs geborgen habe. Davon erfuhr auch der Prähistoriker Ferdinand Keller (1800–1881) aus Zürich. Nach längerem Überlegen gelangte er zu der Über-

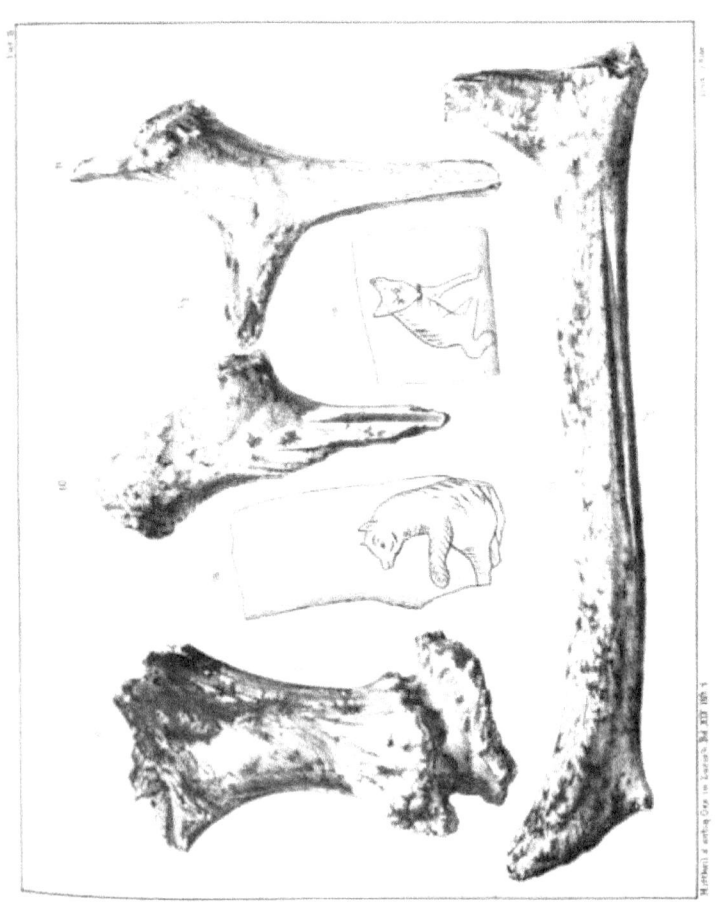

Tafel aus dem Bericht „Der Höhlenfund im Kesslerloch bei Thayngen (Kanton Schaffhausen)" (1875) von Konrad Merk mit gefälschten Zeichnungen von Bär und Fuchs.

zeugung, dass die beiden Gravierungen echt seien, fragte aber am 14. Mai 1875 brieflich bei Konrad Merk nach dessen Meinung über diese Stücke an. Merk antwortete am 16. Mai 1875, er sei von der Echtheit dieser Abbildungen nicht überzeugt. Ungeachtet dessen fügte Keller in den ihm vorliegenden Bericht Merks mit dem Titel „Der Höhlenfund im Kesslerloch bei Thayngen (Kanton Schaffhausen)" die Zeichnungen von Bär und Fuchs so wie eine Notiz über diese Funde ein, ohne Merks Zweifel zu erwähnen. Er teilte sein Vorgehen Merk mit, und dieser gab dem berühmten Prähistoriker nach. Der erwähnte Bericht erschien vor dem 10. Juli 1875 in den Mittheilungen der Antiquarischen Gesellschaft in Zürich. Damit begann für Merk ein langer Leidensweg.

Als erste zweifelten die englischen Prähistoriker John Edward Lee (1808–1887) und Augustus Wollaston Franks (1826–1897), beide aus London, an der Echtheit der Zeichnungen in der Publikation von Merk. Sie ließen sich in Schaffhausen durch den Stadtarzt Franz Mandach (1855–1939), der zugunsten des angeblichen Entdeckers den Verkauf übernehmen wollte, die Originalknochen zeigen. Dabei wurden die beiden Engländer in ihrer Ablehnung bestärkt. Franks erwarb aus eigener Tasche für 80 Franken die nach seiner Ansicht gefälschten Stücke und stiftete sie der Sammlung Christy[13] als ein Beispiel einer bewussten Fälschung. Lee übersetzte 1876 Merks Publikation ins Englische und trug dabei seine schwerwiegenden Bedenken gegen die Echtheit der Bären- und Fuchsdarstellung vor.

Im Juli 1876 entlarvte der Mainzer Prähistoriker Ludwig Lindenschmit der Ältere (1809–1893) in seinem Aufsatz „Ueber die Thierzeichnungen auf den Knochen der Thaynger Höhle" in der Publikation „Archiv für Anthropologie" die

*Prähistoriker Ludwig Lindenschmit der Ältere (1809–1893).
Foto: „Illustrirte Zeitung" vom 12. Mai 1909
(via Wikimedia Commons),
Lizenz: gemeinfrei (Public domain)*

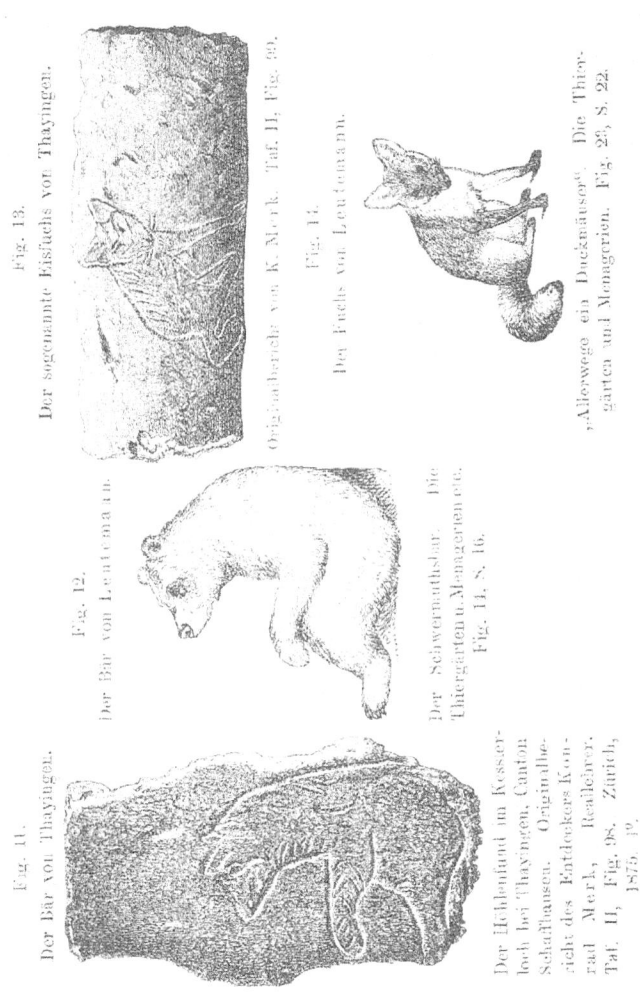

*Abbildung aus dem Artikel im „Archiv für Anthropologie"
von Ludwig Lindenschmit über die gefälschten Zeichnungen*

Fälschungen von Bär und Fuchs und hielt darüber hinaus auch die übrigen Kunstwerke aus dem Kesslerloch für unecht. Sein Sohn Ludwig Lindenschmit der Jüngere (1850–1922) hatte in der Zeitschrift „Globus" einen Artikel über die Thaynger Funde entdeckt, der unter anderem mit Abbildungen des Bären und Fuchses illustriert war. Er erinnerte sich, diese Darstellungen schon woanders in moderner Ausführung gesehen zu haben, und fand sie in jenem Kinderbuch, nach dem die beiden Gravierungen angefertigt worden waren. Erst eine gerichtliche Untersuchung klärte die Fälschungsaffäre auf und bewies Merks Unschuld. Im Mai 1877 erschien eine „Oeffentliche Erklärung über die bei den Thaynger Höhlenfunden vorgekommene Fälschung". Sie war von dem Aktuar der Antiquarischen Gesellschaft in Zürich, Johann Jakob Müller (1847–1878), im Namen dieser Gesellschaft verfasst. Darin wurde unter anderem der Verdacht zurückgewiesen, auch das Kunstwerk „Weidendes Rentier", das heute als „Suchendes Rentier" bezeichnet wird, sei gefälscht. Diese Erklärung überzeugte den Großteil der damaligen Fachwelt. Bei der Eröffnungsrede der Tagung der Deutschen Anthropologischen Gesellschaft im September 1877 in Konstanz ließ der berühmte Berliner Anatom Rudolf Virchow (1821–1902) erkennen, dass er – mit Ausnahme der beiden Fälschungen – an die Echtheit der Thaynger Kunstwerke glaubte. Diese Auffassung wurde auch von den meisten anderen Rednern vertreten.

Der größte Teil der Funde aus dem Kesslerloch war schon 1875 von dem Apotheker und Stadtrat Ludwig Leiner (1830–1901) aus Konstanz für 2.000 Franken gekauft und dem von ihm gegründeten Rosgartenmuseum in Konstanz übergeben worden. Die ersten Ausgräber hatten ihre Untersuchungen nur durch den Verkauf von Funden finanzieren können.

Manche Stücke sind später auch durch Tausch in andere Museen gelangt.

An einigen Orten in der Schweiz gelangen Funde von kleinen stilisierten Frauenfiguren (Venusfiguren) ohne Kopf, ohne Hände und ohne Beine, die aus Gagat geschnitzt wurden. Dagegen kennt man bisher keine Darstellungen von Männern.

Nur 28 Millimeter lang, 8 Millimeter breit und 6 Millimeter dick ist eine Frauenstatuette aus Gagat vom Schweizersbild, die sogenannte „Venus vom Schweizersbild". Diese Figur wurde 1954 von dem Heimatforscher Willy Mamber im Aushub der Ausgrabung von 1898/99 durch Jakob Nüesch entdeckt. 1975 gelangte sie als Schenkung ins damalige Völkerkundemuseum (heute: Museum der Kulturen) in Basel. Die Brüste sind durch eine V-förmige Kerbe im oberen Teil der Figur dargestellt und die Beine durch eine V-förmige Kerbe getrennt. Die eckige Figur wirkt unvollendet.

Etwas kleiner als die „Venus vom Schweizersbild" ist die „Venus von Moosbühl". Diese Frauenfigur aus Gagat (auch schwarzer Bernstein genannt) erreicht eine Länge von 22 Millimetern und stammt aus einer der beiden Rentierjäger-Freilandstationen unweit des Moossees im Kanton Bern. Anfang der 1990er Jahre kamen bei Ausgrabungen im Ortsteil Monruz von Neuenburg drei Venusfiguren aus Gagat zum Vorschein. Die „Venus von Monruz 1" ist 16,5 Zentimeter lang und 5,2 Millimeter breit. Die „Venus von Monruz 2" misst 13,7 Milllimeter Länge und 3,9 Zentimeter Breite und die „Venus von Monruz 3" 12,5 Zentiemter Länge und 5,2 Millimeter Breite. Nur eine dieser Figuren ist vollständig. Die zweite ließ sich aus zwei Bruchstücken rekonstruieren. Von der dritten Figur fehlt ein Teil. Möglicherweise hat man diese Venusfiguren als Amulett getragen. Angeblich ähneln die Venusfiguren von Monruz gleichartigen Funden vom

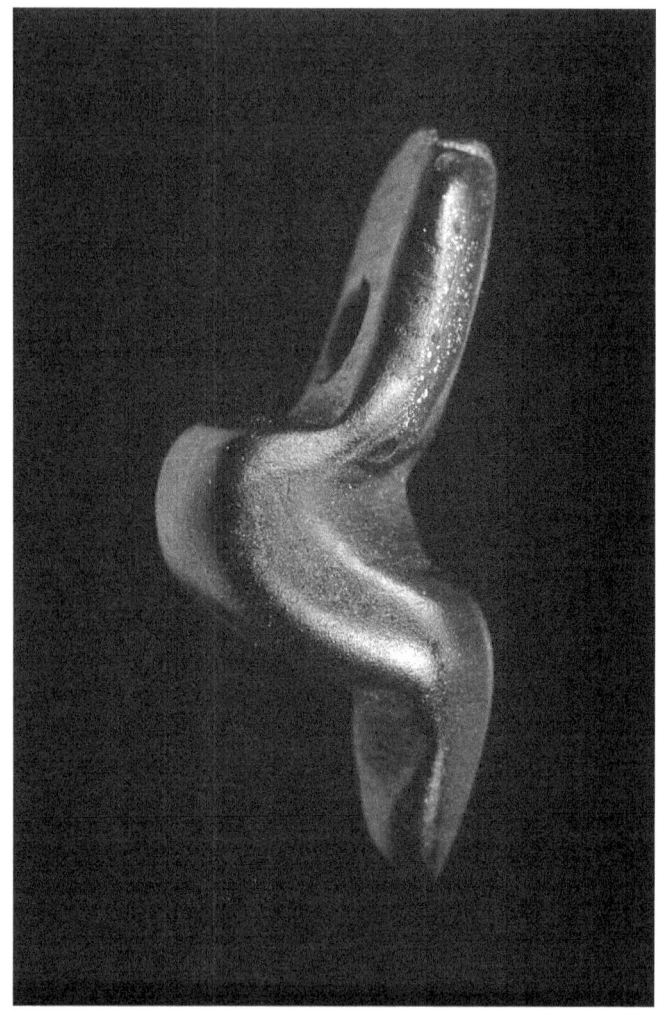

„*Venus von Monruz 1*" *(Kanton Neuenburg).*
Foto: Y. Andre / CC BY-SA 3.0 (via Wikimedia Commons),
lizensiert unter Creative-Commons-Lizenz by-sa-3.0-en.
https://creativecommons.org/licenses/by-sa/3.0/legalcode

Petersfels bei Engen in Süddeutschland so stark, dass man spekuliert, sie seien vom selben Künstler geschaffen worden. Bemerkenswerte Kunstwerke – wenngleich in geringerer Zahl als im Kesslerloch – hat man auch an anderen Fundorten der Schweiz entdeckt. Hier ist in erster Linie das Schweizersbild zu nennen. Von dort kennt man beispielsweise ein Kalksteinplättchen mit Ritzzeichnungen auf beiden Seiten. Eine zeigt vermutlich einen Halbesel, die andere drei Wildpferde und vielleicht ein Mammut. Außerdem stieß man im Schweizersbild auf einen Lochstab mit zwei einander folgenden Wildpferden, ein Lochstabbruchstück mit Rentiergravierung, ein Knochenfragment mit Resten einer nicht identifizierbaren Tierdarstellung und ein Geweihstück mit einem mutmaßlichen Fischmotiv.

In der Rislisberghöhle wurde die Gravierung eines Steinbockkopfes auf einem mutmaßlichen Steinbockschulterblatt geborgen. Dabei handelt es sich um die einzige Steinbockdarstellung aus dem Magdalénien der Schweiz, wenn man von dem ältesten Fund von Veyrier bei Genf als französischem Fundort absieht. Außerdem kam in dieser Höhle das Bruchstück einer Tierrippe zum Vorschein, in die ein kleiner Fisch oder Vogel graviert ist.

An der Freilandstation am Hollenberg bei Arlesheim fand man das Fragment einer stilisierten Frauenfigur ohne Kopf und Füße, die aus Gagat geschaffen wurde. Die komplette Figur dürfte etwa vier Zentimeter groß gewesen sein. Ähnliche Kunstwerke kennt man von etlichen Fundstellen in Deutschland. Sie dienten vermutlich als Schmuck oder Amulett.

Zu den mysteriösesten Kunstwerken gehört ein menschliches Schädeldach mit der eingeritzten Darstellung eines Hirsches, das auf dem 687 Meter hohen Berg Baarburg bei Baar (Kanton

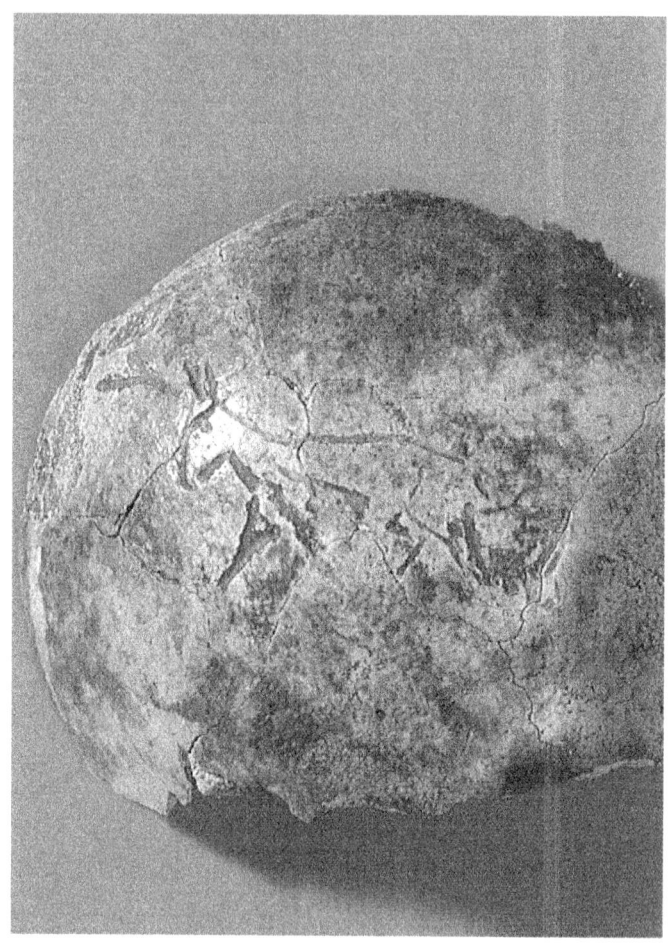

*Menschliches Schädeldach (Schädelbecher)
mit eingeritzter Darstellung eines Hirsches
vom Berg Baarburg bei Baar (Kanton Zug).
Foto: Franz Klaus, Zug*

Zug) entdeckt wurde. Der Verwendungszweck dieses ungewöhnlichen Objektes ist unbekannt. Am selben Fundort wurden außerdem ein steinerner Anhänger mit einem eingravierten mutmaßlichen Höhlenlöwen sowie eine rohe Plastik aus Stein geborgen, die vielleicht ein Wildrind darstellen soll.

In der Gegend von Genf – und zwar in Veyrier – wurden im 19. Jahrhundert einige Lochstäbe mit eingravierten Tiermotiiven entdeckt. Sie sind teilweise nicht klar zu deuten. Bei den aus Zehenknochen (Phalangen) von Rentieren angefertigten Rentier- oder Phalangenpfeifen handelt es sich wohl eher um Signal- als um Musikinstrumente. Allein im Schweizersbild wurden insgesamt 41 solcher Pfeifen nachgewiesen, während sie im Kesslerloch und in der Heidenküche nur selten zu finden waren. Kennzeichnende Steinwerkzeuge des Magdalénien sind Bohrer, Klingen mit bearbeitetem Rücken und Stichel. Daneben gab es noch andere Formen .

In der Schweiz sind mindestens zwei Gruppen des Magdalénien vertreten gewesen: die Moosbühl-Gruppe und die Thayngener Gruppe. Beide unterscheiden sich durch die verwendeten Steinwerkzeuge.

Für die Moosbühl-Gruppe waren Langbohrer und eine große Zahl von Kantenmesserchen typisch. Der Name dieser Gruppe wurde 1960 durch den Berner Prähistoriker Hans-Georg Bandi (1920–2016) eingeführt. Er erinnert an die Funde aus der seit 1860 bekannten Freilandstation Moosbühl (Kanton Bern).

Für die Thayngener Gruppe gelten Dreieck- und Segmentmesser als charakteristisch. Der Begriff Thayngener Gruppe wurde 1944 durch den deutschen Prähistoriker Hermann Schwabedissen (1911–1994) geprägt. Er fußt auf den Funden aus der Gegend von Thayngen (Kesslerloch,

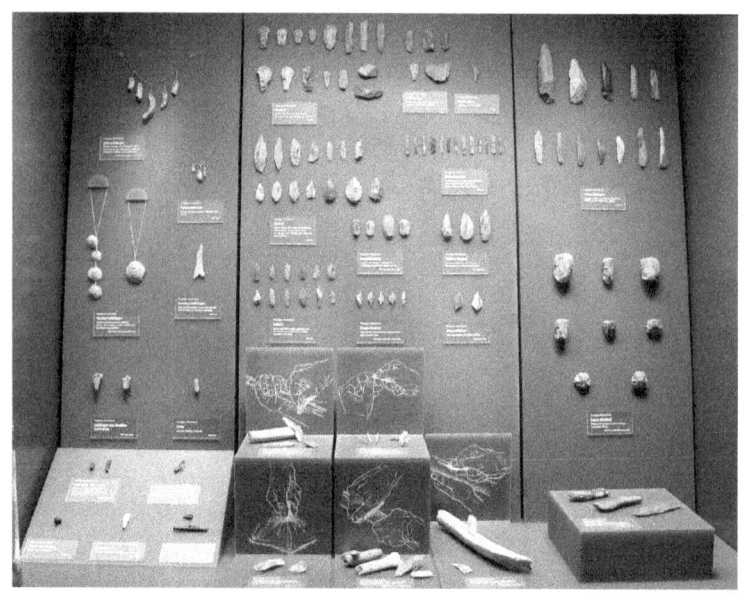

*Werkzeuge und Schmuckstücke aus dem Kesslerloch bei Thayngen
(Kanton Schaffhausen)
im Museum zu Allerheiligen Schaffhausen.
Foto: Adrian Michael / CC BY 3.0 (via Wikimedia Commons),
lizensiert unter Creative-Commons-Lizenz by-3.0,-en,
https://creativecommons.org/licenses/by/3.0/legalcode*

Schweizersbild, Vorder Eichen). Neben der Moosbühl- und der Thayngener Gruppe hat es in der Schweiz vielleicht noch andere Gruppen des Magdalénien gegeben, die noch nicht entdeckt sind. Die Formenvielfalt der Steinwerkzeuge aus dem Magdalénien spiegelt sich in den Funden aus dem Kesslerloch gut wider. Das dortige Inventar ist charakteristisch für die Thayngener Gruppe. Man fand hier vor allem Kratzer und Stichel, die vermutlich als Hauptwerkzeuge dienten, sowie Arbeitsspitzen, Klingen und Schaber. Die Kratzer vom Kesslerloch eigneten sich ideal dazu, flächige Gegenstände zu bearbeiten. Stichel mit gerader Arbeitskante verwendete man vielleicht bei der Herstellung gerundeter Objekte – etwa bei den Knochenspitzen. Größere Stichel wurden vermutlich frei in der Hand geführt, kleinere dürften geschäftet worden sein. Mit den sogenannten Arbeitsspitzen konnte man Hölzer und Tierhäute durchlochen, aber auch Gravierungen anfertigen. Klingen hatten wahrscheinlich die Funktion von Schneidegeräten, mit denen man Pflanzen oder Fleisch durchtrennte. Stabileres Material ließ sich mit Hilfe von Schabern, deren Schneidekanten nachretuschiert waren, durchsägen. Daneben dienten sie wahrscheinlich zum Entfetten von Tierhäuten.
Außer Werkzeugen aus lokal vorkommendem Gestein gab es im Kesslerloch auch solche aus Knochen, Geweih und Elfenbein. Zu den Objekten aus Gagat gehört auch der erwähnte 13,8 Zentimeter lange und 1,3 Zentimeter dicke Stab, der in der Hollenberg-Höhle 3 bei Arlesheim gefunden wurde. Er ist mit eingravierten Strichreihen verziert, die diagonal zur Längsachse des Objektes orientiert sind. Vergleichbare Stücke sind bisher aus Mitteleuropa nicht bekannt. Aus Gagat besteht auch eines der insgesamt vier

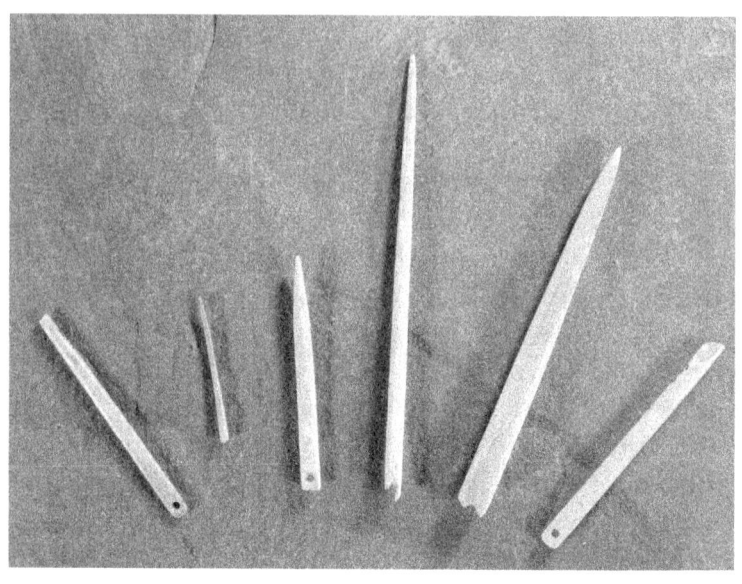

Knöcherne Nähnadeln, teilweise mit abgebrochenem Öhr, aus dem Kesslerloch bei Thayngen (Kanton Schaffhausen).
Foto: Rosgartenmuseum Konstanz

Rondelle aus dieser Höhle. Es hat einen Durchmesser von 5,6 Zentimetern und ist 1,1 Zentimeter dick. Seine Oberfläche hat man glatt poliert. Ein Bündel von parallel verlaufenden Schnittspuren deutet darauf hin, dass dieses Rondell nach der Fertigstellung als Unterlage für eine schneidende Tätigkeit benutzt wurde. Von den anderen Rondellen aus der Hollenberg-Höhle 3 waren eines aus Stein und zwei aus Rentierknochen hergestellt. Solche Rondelle kennt man auch aus dem Kesslerloch, dem Schweizersbild und aus der Freudenthaler Höhle.

Knochen waren vor allem als Rohmaterial für Nähnadeln beliebt, mit deren Hilfe man Zeltdecken, Kleidung oder Behälter aus Tierhäuten zusammenfügen konnte. Im Kesslerloch kamen Nähnadeln aus Vogelknochen oder aus Fußknochen von Wildpferden zum Vorschein. Sie sind meist etwa 5 Millimeter breit. Es gibt aber auch feinere Exemplare mit nur 3 Millimeter Stärke oder noch weniger. Das Öhr dieser Nadeln ist vorsichtig mit steinernen Arbeitsspitzen eingeschnitten worden. Derartige Nähnadeln wurden auch in der Rislisberghöhle geborgen. In der Balm im Tal Mühleloch entdeckte man Knochen, aus denen – wie die darauf erkennbaren Rillen zeigen – feine Nadeln abgetrennt wurden.

Aus Rentiergeweih schuf man häufig die wohl zum Geradebiegen von Geweihspänen über Wasserdampf gedachten Lochstäbe, wie sie im Kesslerloch und im Schweizersbild zum Vorschein kamen. Auf einem Lochstab vom Kesslerloch sind jeweils oberhalb und unterhalb des Loches Arbeitsspuren zu beobachten, die deutlich die hebelnde Nutzung des Gerätes zeigen. Mit einem Durchmesser von zwei Zentimetern wäre das Loch groß genug gewesen, um auch einen hölzernen Wurfspeer strecken zu können. Eine derartige Streckung erhöhte die Treffsicherheit von Waffen.

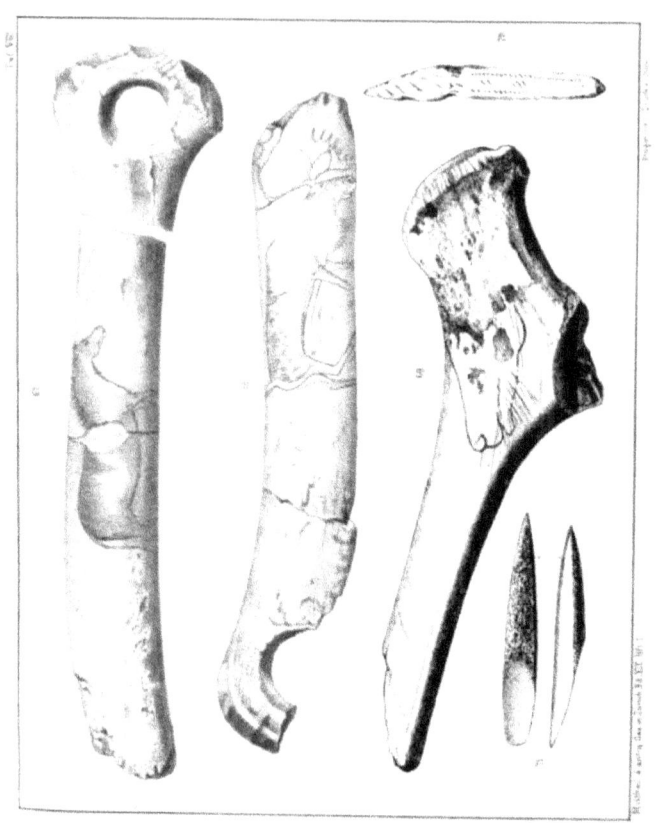

*Funde aus dem Kesslerloch bei Thayngen (Kanton Schaffhausen),
darunter zwei mit Tiermotiven verzierte Lochstäbe
(linke Bildhälfte).
Bild: Tafel aus Konrad Merk:
„Der Höhlenfund im Kesslerloch bei Thayngen
(Kanton Schaffhausen)"*

Von den Waffen der Magdalénien-Jäger in der Schweiz blieben nur die aus Rentiergeweih geschnitzten Speerschleudern sowie die aus Knochen oder Geweih angefertigten Speerspitzen und Harpunenenden erhalten. Dabei handelte es sich wohl hauptsächlich um Jagdwaffen. Die Speerschleudern waren, wie die erwähnten Funde aus dem Kesslerloch belegen, oft kunstvoll gestaltet. Viele von ihnen trugen Gravierungen von Rentieren oder Wildpferden oder haben ein Ende in Gestalt eines Tierkopfes. Man schmückte diese Waffen also mit Abbildern jener Tiere, die besonders häufig erlegt wurden.
Die Speerspitzen erreichten eine Länge von 5 bis manchmal über 30 Zentimetern. Teilweise waren sie mit Längsrillen versehen, die man als Blutrillen betrachtet. Ein Teil der Speerspitzen wurde mit Zeichen verziert. Vielleicht waren dies Eigentumsmarken, anhand derer der Jäger seine Waffe und das von ihm getroffene Wild erkennen konnte. Allein aus dem Kesslerloch hat man schätzungsweise mehr als 200 solcher Geschossspitzen geborgen. Die genaue Zahl ist nicht eruierbar, da die Funde in etlichen Museen aufbewahrt werden.
Speerspitzen kennt man auch aus der Thierstein-Höhle, Rislisberghöhle, Heidenküche, Freudenthaler Höhle sowie von der Freilandstation am Hollenberg bei Arlesheim .
Bei den Harpunen aus Rentiergeweih gab es ein- oder zweireihig gezähnte Formen, die manchmal eine Blutrille besaßen. Die mit Widerhaken versehenen Harpunenenden hatten gegenüber den glatten Speerspitzen den Vorteil, dass sie nach einem Treffer nicht aus dem Beutetier glitten. Im Kesslerloch wurden insgesamt zehn ein- und zweireihige Harpunenspitzen geborgen. Eine einzige zweireihige Harpunenspitze kam in der Heidenküche zum Vorschein.

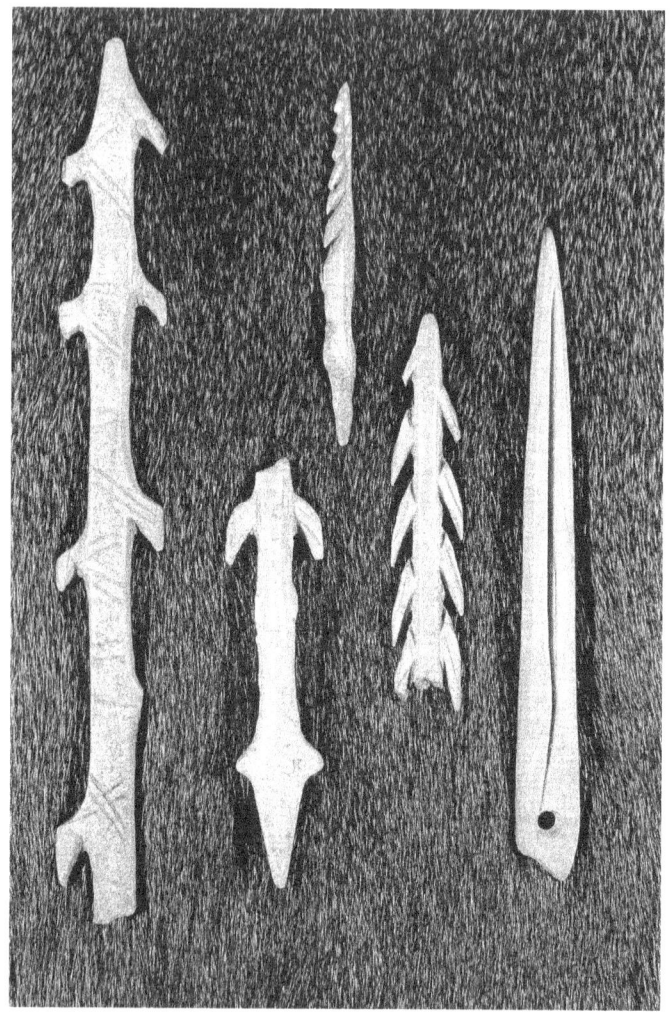

*Geschossspitzen (rechts und 3. von rechts)
sowie zweireihige Harpunen aus dem Kesslerloch bei Thayngen
(Kanton Schaffhausen).
Foto: Rosgartenmuseum Konstanz*

Über das Bestattungswesen der Magdalénien-Leute in der Schweiz sind keine konkreten Aussagen möglich, da bisher nur bruchstückhafte Skelettreste und keine planmäßig angelegten Gräber entdeckt wurden. Die religiöse Gedankenwelt dieser Magdalénien-Leute dürfte sich nicht wesentlich von derjenigen ihrer Zeitgenossen im benachbarten Deutschland unterschieden haben. Einen kleinen Einblick in den Kult jener Zeit erlaubt das erwähnte menschliche Schädeldach mit Hirschdarstellung vom Gipfelplateau des Berges Baarburg bei Baar. Es dürfte vermutlich als Trinkschale benutzt worden sein – eine Sitte, die schon bei den Neanderthalern gepflegt wurde. Welche Vorstellungen man damit verknüpfte, ist unbekannt. Vielleicht wollte man damit das Andenken des betreffenden Toten ehren?

Anmerkungen

1] Die ersten Funde aus der Grotte du Scé wurden 1868 durch den französischen Pfarrer und Heimatforscher Louis Taillefer (1814–1878) entdeckt. 1969 grub der Genfer Zoologe Henri de Saussure (1829–1905) darin. Im Jahre 1900 nahmen die Professoren Alexandre Schenk (1874–191 0) und Aloys Mohn (1801–1914), beide aus Lausanne, und der deutsche Paläontologe Otto Schoetensack (1850–1912) eine Nachgrabung vor, wobei sie auch die Balm Derriere le Scé untersuchten.

2] Auf dem Gipfelplateau des Berges Baarburg fand 1925 der damals in Baarburg tätige Heimatforscher Josef Melliger (1898–1956), der später in Kempraten und schließlich als Friseurmeister in Wangen (Kanton Schwyz) arbeitete, ein menschliches Schädeldach, in das eine Hirschdarstellung eingeritzt ist.

3] Die Grotte Mayor wurde 1833 im Steinbruch Chavaz durch den Chirurgen François Mayor (1779–1854) aus Genf entdeckt.

4] Die Grotte Taillefer wurde 1834 durch den Pfarrer Louis Taillefer (s. Anm. 1) untersucht. Sie wurde später nach einem anderen Heimatforscher Grotte Thioly genannt (s. Anm. 5).

5] Auf den Abri Favre-Thioly im Steinbruch Fenouillet stieß 1867 der Geologe Alfons Favre (1815–1980) aus Genf. Diese Fundstelle wurde bis 1868 durch seinen Freund, den Zahnarzt François Thioly (1831–1911) aus Genf, untersucht.

6] Der Name des Abri Gosse im Steinbruch Fenouillet erinnert an den Arzt Hippolyte-Jean Gosse (1843–1901) aus Genf, der 1871 diese Halbhöhle erforschte.

7] Die Station des Grenouilles im Steinbruch Achard wurde 1916 durch den Architekten Raoul Montandon (1877–1950) aus Genf entdeckt.

8] Die Nachgrabung aus dem Jahre 1906 in der Thiersteinhöhle wurde durch den Leiter des Völkerkundemuseums Basel, Fritz Sarasin (1859–1942), sowie dessen Vetter, den Zoologen und Ethnologen Paul Sarasin (1856–1929) aus Basel, vorgenommen.

9] Karl Sulzberger (1876–1963) war 1903–1913 katholischer Pfarrer in Trimbach (Kanton Solothurn), 1913–1918 Assistent am Elsässischen Landesmuseum in Straßburg, danach Konservator des Kantons Schaffhausen und Direktor des Museums zu Allerheiligen in Schaffhausen.

10] Die Freilandstation Chempreveyres am Ufer des Neuenburger Sees wurde 1983–1986 durch die Archäologin Denise Leesch aus Neuenburg ausgegraben.

11] Die Freilandstation Moosbühl bei Moosseedorf wurde 1860 durch den Arzt Johann Uhlmann (1820–1882) aus Münchenbuchsee entdeckt. Danach geriet sie in Vergessenheit. 1918 erkannten der damals in Bern studierende deutsche Prähistoriker Hans Gummel (1891–1962) und der Berner Prähistoriker Otto Tschumi (1878–1960) bei der Bearbeitung der Funde von Uhlmann, dass diese aus einer jungpaläolithischen Siedlung stammen mussten. 1924 fand der Arzt Friedrich König (1851–1927) aus Münchenbuchsee die Örtlichkeit wieder. 1924/25, 1926 und 1929 führte das Historische Museum Bern unter Leitung von Otto Tschumi Ausgrabungen durch. 1960 nahm die damals in Bern wirkende Prähistorikerin Hanni Schwab (1922–2004) eine Rettungsgrabung vor.

12] Die an nordwestschweizerischen Fundstellen entdeckten Schrnuckschnecken wurden durch den Mainzer Geologen Franz-Otto Neuffer und den Tübinger Biologen Wolfgang Rähle identifiziert.

13] Die Sammlung Christy ist das Werk des englischen Hutfabrikanten und Ethnologen Henry Christy (1810–1865), der sich aus Liebhaberei mit Geologie und Archäologie beschäftigte.

Literatur

ARCHÄOLOGIE ONLINE: Ältester Haushund aus dem Kesslerloch nachgewiesen. https://www.archaeologie-online.de/nachrichten/aeltester-haushund-aus-dem-kesslerloch-nachgewiesen-1609/
BANDI, Hans-Georg: Die Schweiz zur Rentierzeit, Frauenfeld 1947.
BANDI, Hans-Georg: Untersuchung eines Felsschutzdaches bei Neumühle (Gemeinde Pleigne, Kt. Bern). Jahrbuch des Bernischen Historischen Museums, S. 95–113, Bern 1967/68.
BANDI, Hans-Georg: Das Kesslerloch, ein Siedlungsplatz späteiszeitlicher Rentierjäger der Magdalénien-Kultur. In: Die Kultur der Eiszeitjäger aus dem Kesslerloch, S. 9–14, Konstanz 1973.
BANDI, Hans-Georg / LÜDIN, Karl / MAMBER, Willi / SCHAUER, Samuel / SCHMID, Elisabeth / WELTEN, Max: Die Brügglihöhle an der Kohlholzhalde bei Nenzlingen (Kt. Bern), eine neue Fundstelle des Spätmagdalénien im untern Birstal. Jahrbuch des Bernischen Historischen Museums, S. 32–33, Bern 1953.
BANDI, Hans-Georg / MAMBER, Willy / SCHAUB, Samuel / SCHMID, Elisabeth / WELTEN, Max: Die Brügglihöhle an der Kohlholzhalde bei Nenzlingen (Kt. Bern), eine neue Fundstelle des Spätmagdalénien im unteren Birstal. Jahrbuch des Bernischen Historischen Museums, S. 45–76, Bern 1954.
BARR, James Hubert: Die Spätmagdalénien-Freilandstation Moosbühl. Jahrbuch des Bernischen Historischen Museums, S. 199–205. Bern 1972.

BARR, James Hubert: Die Rislisberghöhle, ein neuer Magdalénien-Fundplatz im Schweizer Jura. Archäologisches Korrespondenzblatt, S. 85–87, Mainz 1977.
BAY, Roland: Die Magdalénienstation am Hollenberg bei Arlesheim (Kanton Baselland). Tätigkeitsberichte der Naturforschenden Gesellschaft Baselland, S. 164–178, Liestal 1959.
BÜHLER, Rolf: Archäologie im Niederamt vor 70 Jahren. Zusammenfassungen einiger Fundbestände im Museum der Bally-Museumsstiftung Schönenwerd. Archäologie der Schweiz, S. 87–90, Basel 1981.
GEBHARDT, Kurt: Zur Typologie des jungpaläolithischen Menschen am Hochrhein. In: Die Kultur der Eiszeitjäger aus dem Kesslerloch, S. 52–55, Konstanz 1977.
GLÜCKERT, Gunnar: Zur letzten Eiszeit im alpinen und nordeuropäischen Raum, Geographica Helvetica, S. 93–98, Zürich 1987.
GUYAN, Walter Ulrich: Erforschte Vergangenheit, Schaffhausen 1971.
HÄUSLER, Rudolf: Die Ausgrabungen beim Schweizersbild. Mannus, S. 246–260. Würzburg 1914.
HEIERLI, Jakob: Das Kesslerloch bei Thayngen, Zürich 1907.
HITCHCOCK, Don: Die Venus vom Kesslerloch. https://donsmaps.com/kesslerloch.html
HÖNEISEN, Markus: Kesslerloch und Schweizersbild: zwei Rentierjäger-Stationen in der Nordschweiz. Archäologie der Schweiz, S. 28–33, Basel 1986.
HÖNEISEN, Markus: Kesslerloch. Historisches Lexikon der Schweiz. https://hls-dhs.dss.ch/de/articles/012557/2007-08-10
HÖNEISEN, Markus: Schweizersbild. Historisches Lexikon der Schweiz.

https://hls-dhs-dss.ch/de/articles/012558/2011-10-28/
JOOS, Marcel: Die Kernbohrungen von 1980 im Vorplatzbereich des Kesslerlochs (Thayngen SH). Archäologie der Schweiz, S. 46–50, Basel 1982.
LAUR-BELARD, Rudolf: Theodor Schweizer †, 1893–1956. Ur-Schweiz, S. 2–5, Basel 1956.
LINDENSCHMIT, Ludwig: Über die Thierzeichnungen auf den Knochen der Thayinger Höhle. In: Archiv für Anthropologie. Zeitschrift für Naturgeschichte und Urgeschichte des Menschen 9, S. 173–179, 1896.
LÜDIN. Carl: Die Silexartefak te aus dem Spätmagdalénien der Kohlerhöhle. Jahrbuch der Schweizerischen Gesellschaft für Ur- und Frühgeschichte, S. 33–42, Basel 1963.
MERK, Konrad: Excavations at the Kesslerloch near Thayngen, Switzerland. A cave of the reindeer period, London 1876
MERK, Konrad / KELLER, Ferdinand: Der Höhlenfund im Kesslerloch bei Thayngen (Kanton Schaffhausen). Originalbericht des Entdeckers Konrad Merk, Reallehrer. In: Mittheilungen der Antiquarischen Gesellschaft in Zürich, Band 19, Heft 1, S. 1–44, 1875.
NUESCH, Jakob: Das Schweizersbild, eine Niederlassung aus palaeolithischer und neolithischer Zeit, Zürich 1902.
NUESCH, Jakob: Das Kesslerloch: eine Höhle aus palaeolithischer Zeit, Zürich 1904.
PROBST, Ernst: Deutschland in der Steinzeit. Jäger, Fischer und Bauern zwischen Nordseeküste und Alpenraum, München 1991.
ROUX, Jean: Paul Sarasin (1856–1929). Notizen zur schweizerischen Kulturgeschichte, S. 327–329. Zürich 1929.

*Höhle Kesslerloch bei Thayngen (Kanton Schaffhausen).
Bild: Reproduktion aus Konrad Merk:
Excavations at the Kesslerloch near Thayngen, Switzerland.
A cave of the reindeer period, London 1876*

SCHMID, Elisabeth: Die Umwelt der Jäger vom
Kesslerloch. Aus: Die Kultur der Eiszeitjäger aus dem
Kesslerloch, S. 56–62, Konstanz 1977.
SCHWAB, Hanni: Moosbühl. Rettungsgrabung 1960.
Jahrbuch des Bernischen Historischen Museums,
S. 189–204, Bern 1969 und 1970.
SCHWAB, Hanni: Gagat und Bernstein auf dem
Rentierjägerhalt Moosbühl bei Moosseedorf (Kanton Bern).
Jahrbuch des Bernischen Historischen Museums,
S. 252–262, Bern 1983/84.
SCHWEIZER, Theodor: Die „Kastelhöhle" im Kalt-
brunnental, Gemeinde Himmelried (Solothurn). Jahrbuch
für solothurnische Geschichte, Band 232, S. 1–88,
Solothurn 1959.
SEDLMEIER, Jürg : Die Hollenberg-Höhle 3. Eine
Magdalénien-Fundstelle bei Arlesheim. Kanton
Basel-Landschaft. Basler Beiträge zur Ur- und
Frühgeschichte, Derendingen-Solothurn 1982.
SEDLMEIER, Jürg: Jungpaläolithischer Mollusken-
Schalen-Schmuck aus nordwestschweizerischen
Fundstellen als Nachweis für Fernverbindungen.
Archäologisches Korrespondenzblatt, S. 1–6, Mainz 1988.
SPYCHER, Hanspeter / SEDLMEIER, Jürg:
Steinzeitfunde bei Erschwill im Schwarzbubenland.
Helvetia archaeologica, S. 78–80, Zürich 1985.
WILSON, David: The Forgotten Collector: Augustus
Wollaston Franks of the British Museum, London 1984.
ZOLLER, Heinrich: Zur Geschichte der Vegetation im
Spätglazial und Holozän der Schweiz. Mittteilungen der
Naturforschenden Gesellschaft Luzern. S. 123–149, Luzern
1987.

Autor Ernst ‚Probst.
Foto: Klaus Benz, Mainz-Laubenheim

Der Autor

Ernst Probst, geboren am 20. Januar 1946 in Neunburg vorm Wald im bayerischen Regierungsbezirk Oberpfalz, ist Journalist und Wissenschaftsautor. Er arbeitete von 1968 bis 1971 bei den „Nürnberger Nachrichten", von 1971 bis 1973 in der Zentralredaktion des „Ring Nordbayerischer Tageszeitungen" in Bayreuth und von 1973 bis 2001 bei der „Allgemeinen Zeitung", Mainz. In seiner Freizeit schrieb er Artikel für die „Frankfurter Allgemeine Zeitung", „Süddeutsche Zeitung", „Die Welt", „Frankfurter Rundschau", „Neue Zürcher Zeitung", „Tages-Anzeiger", Zürich, „Salzburger Nachrichten", „Die Zeit", „Rheinischer Merkur", „Deutsches Allgemeines Sonntagsblatt", „bild der wissenschaft", „kosmos", „Deutsche Presse-Agentur" (dpa), „Associated Press" (AP) und den „Deutschen Forschungsdienst" (df). Aus seiner Feder stammen die Bücher „Deutschland in der Urzeit" (1986), „Deutschland in der Steinzeit" (1991), „Rekorde der Urzeit" (1992), „Dinosaurier in Deutschland" (1993 zusammen mit Raymund Windolf) und „Deutschland in der Bronzezeit" (1996). Von 2001 bis 2006 betätigte sich Ernst Probst als Buchverleger sowie zeitweise als internationaler Fossilienhändler und Antiquitätenhändler. Insgesamt veröffentlichte er mehr als 300 Bücher, Taschenbücher, Broschüren und über 300 E-Books.

*Höhle Kesslerloch auf der nördlichen Seite des Fulachtals
bei Thayngen (Kanton Schaffhausen).
Foto: Adriasn Michael / CC BY-SA 3.0
(via Wikimedia Commons),
lizensiert unter Creative-Commons-Lizenz by-sa-3.0-öen,
https://creativecommons.org/licenses/by-sa/3.0/legalcode*

Bücher von Ernst Probst

(Auswahl)

Als Mainz im Meer lag
Als Mainz noch nicht am Rhein lag
Der Europäische Jaguar
Der Mosbacher Löwe. Die riesige Raubkatze aus Wiesbaden
Der Rhein-Elefant. Das Schreckenstier von Eppelsheim
Der Ur-Rhein. Rheinhessen vor zehn Millionen Jahren
Deutschland im Eiszeitalter
Deutschland in der Frühbronzezeit
Deutschland in der Mittelbronzezeit
Deutschland in der Spätbronzezeit
Die Aunjetitzer Kultur in Deutschland
Die Straubinger Kultur in Deutschland
Die Singener Gruppe
Die Arbon-Kultur in Deutschland
Die Ries-Gruppe und die Neckar-Gruppe
Die Adlerberg-Kultur
Der Sögel-Wohlde-Kreis
Die nordische Bronzezeit in Deutschland
Die Hügelgräber-Kultur in Deutschland
Die ältere Bronzezeit in Nordrhein-Westfalen
Die Bronzezeit in der Lüneburger Heide
Die Stader Gruppe
Die Oldenburg-emsländische Gruppe
Die Urnenfelder-Kultur in Deutschland
Die ältere Niederrheinische Grabhügel-Kultur

Die Unstrut-Gruppe
Die Helmsdorfer Gruppe
Die Saalemündungs-Gruppe
Die Lausitzer Kultur in Deutschland
Die Dolchzahnkatze Megantereon
Die Dolchzahnkatze Smilodon
Die Säbelzahnkatze Homotherium
Die Säbelzahnkatze Machairodus
Die Schweiz in der Frühbronzezeit
Die Rhône-Kultur in der Westschweiz
Die Arbon-Kultur in der Schweiz
Die Schweiz in der Mittelbronzezeit
Die Schweiz in der Spätbronzezeit
Dinosaurier von A bis K. Von Abelisaurus bis zu Kritosaurus
Dinosaurier von L bis Z. Von Labocania bis zu Zupaysaurus
Der rätselhafte Spinosaurus. Leben und Werk des Forschers Ernst Stromer von Reichenbach
Eiszeitliche Geparde in Deutschland
Eiszeitliche Leoparden in Deutschland
Höhlenlöwen. Raubkatzen im Eiszeitalter
Hermann von Meyer. Der große Naturforscher aus Frankfurt am Main
Johann Jakob Kaup. Der große Naturforscher aus Darmstadt
Krallentiere am Ur-Rhein
Neues vom Ur-Rhein. Interview mit dem Geologen und Paläontologen Dr. Jens Sommer
Österreich in der Frühbronzezeit
Österreich in der Mittelbronzezeit

Österreich in der Spätbronzezeit
Raub-Dinosaurier von A bis Z. Mit Zeichnungen von Dmitry Bogdanav und Nobu Tamura
Rekorde der Urmenschen. Erfindungen, Kunst und Religion
Rekorde der Urzeit. Landschaften, Pflanzen und Tiere
Säbelzahnkatzen. Von Machairodus bis zu Smilodon
Säbelzahntiger am Ur-Rhein. Machairodus und Paramachairodus
Was ist ein Menhir? Interview mit dem Mainzer Archäologen Dr. Detert Zylmann
Wer ist der kleinste Dinosaurier? Interviews mit dem Wissenschaftsautor Ernst Probst
Wer war der Stammvater der Insekten? Interview mit dem Stuttgarter Biologen und Paläontologen Dr. Günther Bechly
Kastel in der Vorzeit. Von der Jungsteinzeit bis Christi Geburt
Kostheim in der Vorzeit. Von der Jungsteinzeit bis Christi Geburt
Wiesbaden in der Steinzeit
Das Aurignacien. Eine Kulturstufe der Altsteinzeit vor etwa 35.000 bis 29.000 Jahren
Das Gravettien. Eine Kulturstufe der Altsteinzeit vor etwa 28.000 bis 21.000 Jahren
Das Magdalénien. Die Blütezeit der Rentierjäger vor etwa 15.000 bis 11.500 Jahren
Die Mittelsteinzeit. Eine Periode der Steinzeit vor etwa 8.000 bis 5.000 v. Chr.
Deutschland in der Mittelsteinzeit
Die Ertebölle-Ellerbek-Kultur. Eine Kultur der Jungsteinzeit vor etwa 5.000 bis 4.300 v. Chr.

Die Stichbandkeramik. Eine Kultur der Jungsteinzeit vor etwa 4.900 bis 4.500 v. Chr.
Die Hinkelstein-Kultur. Eine Kultur der Jungsteinzeit vor etwa 4.900 bis 4.800 v. Chr.
Die Rössener Kultur. Eine Kultur der Jungsteinzeit vor etwa 4.600 bis 4.300 v. Chr.
Die Michelsberger Kultur. Eine Kultur der Jungsteinzeit vor etwa 4.300 bis 3.500 v. Chr.
Die Salzmünder Kultur. Eine Kultur der Jungsteinzeit vor etwa 3.700 is 3.200 v. Chr.
Die Wartberg-Kultur. Eine Kultur der Jungsteinzeit vor etwa 3.500 bis 2.800 v. Chr.
Die Walternienburg-Bernburger Kultur. Eine Kultur der Jungsteinzeit vor etwa 3.200 bis 2.800 v. Chr.
Die Kugelamphoren-Kultur. Eine Kultur der Jungsteinzeit vor etwa 3.100 bis 2.700 v. Chr.
Die Glockenbecher-Kultur. Eine Kultur der Jungsteinzeit vor etwa 2.500 bis 2.200 v. Chr.

www.ingramcontent.com/pod-product-compliance
Lightning Source LLC
Chambersburg PA
CBHW070819220526
45466CB00002B/722